在冬天
寻找什么？

［英］伊丽莎白·詹纳　著

［英］娜塔莎·杜利　绘

向畅　译

北 京 出 版 集 团
北京美术摄影出版社

冬日来临

这是昏暗的12月，清晨的空气中透着丝丝寒意。太阳渐渐升起，阳光照在小草上，闪闪发光。

霜出现在平静而寒冷的夜晚。当空气中的水蒸气遇到低于冰点温度的植物表面时，冰晶立即形成，并一层层地堆积起来，就形成了冬天植物上常见的霜。

金翅雀们正在啄破起绒草上的白霜，以享用它们的早餐。这些多刺的圆锥状东西里边充满了美味的种子，在食物匮乏、天气寒冷的冬季，这些营养丰富、高脂肪的种子是金翅雀最好的能量来源。

漂流的种子

在寒冷的海边散步时，留意那些散落在沙滩上的奇怪的、光滑的物体。这些是漂流种子，许多是随着海浪从遥远的热带旅行至此的。

一些热带植物会长出这种可以漂浮的硕大而坚硬的种子。它们从种荚中落入附近的水域中，然后想方设法流入大海。最终，它们穿越海洋，到达较冷地方的海岸。

漂流种子的形状和大小各异。这种棕色的心形豆，是一种叫作巨楠藤的巨型植物的种子，原本发现于中美洲。很久以前，在爱尔兰海岸，人们把捡到的心形豆放在枕头下，以抵御超自然的力量。

这些亮闪闪的灰色大理石似的东西是刺果苏木的种子，来自加勒比海的一种大树。过去，当刺果苏木的种子被冲上苏格兰的赫布里底群岛时，当地人用它们来做项链。他们认为，这样的首饰可以辟邪。

1. 巨楠藤的种子　　　5. 锯缘墨角藻

2. 昆布　　　　　　　6. 藜豆

3. 刺果苏木的种子　　7. 掌状红皮藻

4. 干栌果籽

槲寄生上的霜

　　随着冬天的降临，清晨的地面上可能会出现"霜影"。当物体挡住阳光时，阴影的部分温度较低，就会产生这种"霜影"。地面上的这些树篱状和白杨树状的冰冻斑块正是"霜影"。随着太阳逐渐在天空中移动，植物的阴影也会随之移动，这些霜就会慢慢消失。

　　在高高的杨树顶端，一团团的槲寄生开始结出白色的浆果。槲寄生只能生长在其他植物上，因为这样能从宿主身上获取水分和养料，而不用自力更生。

　　在欧洲，槲寄生是友谊的象征，也是爱和生育力的象征。如果在槲寄生下被人拦住，通常要献上一个吻来表达友谊或爱情。

　　这只槲鸫发现了槲寄生的白色浆果。这种鸟非常喜欢吃槲寄生，而且会拼命保护自己领地上的所有浆果。早上，总能听到槲鸫响亮的叫声，这是它们在向别的鸟宣告自己已经占领了这块地盘！

林地真菌

　　冬季的林地是真菌生长的完美场所。腐烂的树皮、落叶和湿润的空气形成了一个潮湿、发霉的环境，真菌可以在其中茁壮成长。

　　在树枝和落叶丛中，可以发现刚长出来的鲜红色毒菌，这就是毒蝇伞，最著名的菌类之一，经常出现在童话故事中。这些毒蘑菇可以长到约30厘米高，菌盖约20厘米宽。当它们成熟后，圆圆的顶部会伸展变平，白色斑点也随之脱落。

　　这种长茎、弯曲的毒菌叫作簇生黄韧伞。它们以腐烂的木头和根为食，所以经常能在木头或树桩上找到。

　　这两种蘑菇可能看起来鲜艳诱人，实际上都有毒，最好还是留给林地精灵和仙女享用吧！

1. 大紫蘑菇
2. 乳牛肝菌
3. 簇生黄韧伞
4. 森林葱蜗牛
5. 毒蝇伞

在河口湾

　　冬天的河口看起来冷冷清清，但这里却是涉水鸟类的天堂！这片大而浅的水域到处都是鸟蛤、海蚯蚓和其他生活在泥潭里的生物，为鸟类提供了丰富的食物。冬天，潮水使河口的泥浆保持松软而且蕴藏着各种海洋生物。此时，数百只鸟涌向河口觅食、栖息。

　　听！蛎鹬大声地叫着"叽叽"，正用它长长的红色喙从泥里挖出鸟蛤，然后撬开贝壳。它的邻居麻鹬也长着一个专为挖掘而生的喙，这种细长而弯曲的喙有助于它把虫子和小虾从地下钩出来。

　　新来的小滨鹬打算在海岸过冬。夏天，滨鹬在沼泽筑巢，并在那里交配、产卵和养育雏鸟。在繁殖季节，它们的羽毛是红色、棕色和黑色的，但此时，当它们回到河口，已经长出了灰白色的冬羽。

1. 麻鹬
2. 蛎鹬
3. 红脚鹬
4. 滨鹬
5. 黑雁

冬日花园

花园里看起来光秃秃的。许多植物结束了一年的生长，它们曾开出花朵，结出果实，此时落叶凋零。冬天是这些植物休养生息的时候，它们积蓄能量，等待天气转暖，再开始新一轮的生长周期。

不过，也有一些叛逆的植物并不遵循这一规律。黄色的金缕梅开出了鲜艳的花朵，蜡梅花浅淡而精致的花瓣里面，探出深色的花蕊。

虽然每年此时，造访这些开花植物的昆虫少得可怜，但植物数量也减少了，因此竞争并没那么激烈。少数还在外忙碌的蜜蜂和飞蛾会去采金缕梅和蜡梅的花蜜。这些植物利用了在冬季开花的优势，因为它们是传粉昆虫的唯一食物选择。昆虫采蜜时，身上会沾上花粉。而当它们飞到另一朵花时，就会把花粉带过去，这能帮助植物长出果实和种子。

每年这个季节，也是许多小动物食物匮乏的时候。为了帮助它们，人们在阳台和花园里挂上喂食器，里边装满了美味的坚果和种子。

冬夜

冬天是仰望星空的最佳时机。这个季节的夜晚很长，而且天黑得比一年中其他任何时候都要早。这是因为此时北半球远离太阳的直射范围，所以它接收到的太阳光更少。这时的天空也是最清晰的，因为寒冷意味着冬季空气中的水分比夏季时少，不会有那么多的湿气和云雾，天空也就不会被云层挡住，恒星和行星可以轮廓分明、明晃晃地挂在夜空中。

每年的这个季节，也是月亮最高、最亮的时候。虽然地球在绕太阳移动时会改变位置，但月亮绕地球转动的轨道却不变，它全年都按照同一行程转动。

地球是倾斜的，这意味着，在夏天当北半球朝太阳倾斜时，太阳将出现在天空中的最高点，而月亮出现在最低点。在冬天当北半球的倾斜方向背离太阳时，白天太阳位置很低，而在夜晚抬起头，就能看到月亮高高地悬挂在空中照耀着我们。

欧洲冬青与常春藤

常绿植物为光秃秃的冬季带来点点色彩。欧洲冬青和常春藤属于常绿植物，它们一年四季都会保持绿色，不像落叶植物那样在冬天就会掉光叶子。

植物依靠阳光来制造养分，这个过程被称为光合作用。而一种叫作叶绿素的化学物质需要参与其中，它就藏在树叶中，能使叶子变绿。冬季，白天时间变短意味着一些植物无法再轻轻松松地产生养分。因此，落叶植物停止产生叶绿素并落光树叶，然后"睡"到第二年春天。

相反，大多数常绿植物的叶子很特殊，不但非常坚韧，而且外边裹着一层蜡质。这种类型的叶子有助于保持水分，以应对寒冷的气候条件，因此常绿植物在冬天不会落叶。画面中的常春藤就会一边继续吸收冬日阳光，一边等待温暖季节的归来。

常绿植物也会提供备受小鸟欢迎的食物。乌鸫和知更鸟全靠欧洲冬青、常春藤和槲寄生等植物的浆果过冬。

1. 知更鸟
2. 欧洲冬青
3. 常春藤
4. 乌鸫
5. 槲寄生

冬泳

　　这是新年的第一个早晨，冬泳爱好者们来到海滩，勇敢地挑战1月份的海水。在脱下温暖的外套、套头衫和鞋子后，他们赤脚穿过沙滩来到水边。当海浪撞击着他们的脚、包围住脚踝时，冰冷的海水立刻令他们尖叫起来。他们深吸一口气，走入水中，准备冲进海浪里。

　　冬泳爱好者遍布世界各地。人们在大海、湖泊、河流或是露天游泳池中组织冬泳活动。在有些地方，人们从桥上跳到水里，或是穿着奇装异服泡在水中。这种迎接新年的方式似乎十分有趣，而且令人兴奋。

　　在没有保护措施的冷水环境下，人类只能游很短时间。在冷水中停留太久是很危险的，因为皮肤表面会散失热量，导致失温。这些灰色的海豹与人类不同，它们可以很好地抵御寒冷。海豹属于哺乳动物，却能在海里保暖，因为它们的皮肤下长着一层厚厚的脂肪，叫作鲸脂。即使是在海里待好几个小时，也可以保持体温。

苹果

在 1 月寒冷的夜晚，英国各地的人们欢聚在苹果园里，将吐司浸泡在热苹果酒里，然后挂在苹果树上。接着，每个人为果园唱一首歌，祝福果树在新的一年中健康生长，希望未来的一年，苹果能够丰收。

苹果是蔷薇科苹果属植物，在过去，是人们重要的食物来源。即使今天，苹果依然很受欢迎，因为它们可以保存几个月，还能用各种各样的方式烹饪，做成苹果酒或者直接生吃。

黑暗的早晨

　　1 月给人的感觉是漫长而黑暗。一年中最短的一天已经过去，白天逐渐变长，但日出和日落的时间并不是以相同的速度变化。有一段时间，太阳会晚几分钟落下，但早上它却在差不多相同的时间升起。这意味着我们得继续在黑暗中准备上学和上班。

　　产生这种现象的原因是，地球略微倾斜，它绕太阳转动的轨道是椭圆形的，而不是一个正圆，地球在轨道上靠近太阳的位置时转得更快，因此地球的"太阳时间"跟我们的时钟不同步。所以，冬季有那么几天，黎明总是迟迟不来。

　　大多数动物都依赖明暗交替的自然规律。许多鸟只有天亮以后才会醒来唱歌，日照时间缩短就意味着它们能够捕食的时间更短。而另一方面，夜里清醒的夜行动物们，比如狐狸，在黑暗中捕猎的时间却变长了。

寒冷的洼地

在寒冷的日子里，气温降到 0℃ 以下时，池塘表面就会结出一层漂浮的冰。不过，生活在这里的水鸟，像绿头鸭和白骨顶鸡，照样在冰冷的水中游来游去。

乍一看，它们的脚蹼薄薄的，根本无法抵御严寒，毕竟缺少脂肪或羽毛来保护双脚。幸运的是，它们有一个秘密武器可以防止丢失热量。

水鸟的动脉将温暖的血液运送到它们的脚部，然后通过静脉回流到心脏。但由于水鸟脚部的动脉和静脉彼此离得很近，热量会从暖血传递到冷血。这样，返回身体的冷血被加热，流向脚的血随之变冷。因此，当血到达脚时，已经剩不下多少热量了，也就没有多少热量会流失了。

有了这套巧妙的循环系统，白骨顶鸡、绿头鸭和其他水鸟能够让体内热量远离冰冷的水，这样即使处于再冷的环境中，它们的身体也能保持温暖。

留下印迹

孩子们今天一大早就起床了，盼着能去刚下的雪中玩耍。然而，还有其他一些动物赶在了他们前面！雪天为记录当地野生动物的活动提供了一个不错的机会。看到雪地上的印迹了吗？这可以告诉我们哪些动物曾来过这里，又去了哪里。

这只狗的脚印由一个大爪垫和几个小脚趾组成。图案跟野狐狸的差不多，但狐狸的脚印更窄，脚趾之间也更近，看起来像一颗钻石的形状。

两个短脚印旁边有两个长而窄的脚印，那是一只兔子留下的。兔子的后脚比前脚要长得多。通常，这样的脚印总是交叉出现，这是因为兔子一般是群居的，它们喜欢挤在一起。

看到那些像树枝形状的小脚印了吗？一只鸫鹩在雪地上跳来跳去，希望能抓出来一只昆虫或蜘蛛。如果脚印突然消失，就表示它们从这里飞走了。

四处乱窜的小脚印表明，有一只老鼠也曾光临，它迅速窜过雪地，然后回到了自己安全的洞里。

农耕的准备工作

随着冬天接近尾声，农民们开始着手为春天的归来做准备了。不久以后，下一年的农耕就要开始了。

农民必须先准备好土壤，为庄稼提供最好的生长条件。农作物可以通过根从土壤中获得养料，来帮助自己生长。

这些已经被犁过的田地，整个冬天都空闲着。土壤在这段时间得到了休息，从去年的收割季中恢复了过来。不过，土地还需要一点帮助来恢复全部的养分，为了加快进程，农民在种植前通常会往地里撒肥料使土壤更加肥沃。

肥料由动物粪便和农作物废料混合在一起制成。虽然味道不太好闻，但含有大量的氮、磷、钾——这是健康土壤中最重要的3种元素。现在把这些撒到田野里，春天时植物才能有丰富的营养来源。

树下的野餐

　　这棵欧洲花楸树旁可真热闹啊，树上鲜艳的红色浆果招引来不少鸟。田鸫、金冠戴菊鸟和蓝山雀正在尽情地享用美味。在这样光秃秃的冬季里，这种红色浆果可是稀罕的食物来源。

　　鸟在冬天吃浆果、种子和一切能找到的食物，这样做是为了储备必需的脂肪，好在漫长而寒冷的冬夜里保暖。鸟类在冬天也会成群结队地一起进食、睡觉，这样既有助于保持身体温暖，也可以保护自己免受捕食者的伤害。

　　冬末也迎来了一些早春的迹象，欧洲花楸树开始长出小小的、毛茸茸的花蕾。春天时，这些花蕾将变成一簇簇白色的花。昆虫给花授粉以后，秋天时树木就会结出果实，周而复始。

1. 红腹灰雀

2. 金冠戴菊鸟

3. 田鸫

4. 蓝山雀

5. 红翼鸫

6. 太平鸟

晨雾

太阳升起来了，一层薄雾笼罩在这片田野上，环绕着树木和房屋。

这样的晨雾在冬天经常见到。空气中较暖的水分迅速冷却，变成微小的水珠，就形成了雾。太阳渐渐升起，空气慢慢升温。这时小水珠蒸发，变成了气体，于是雾气散去。

由于密集的冷空气位于暖空气的下方，山峦之间常常会云雾缭绕。住在这里的人必须十分小心，因为在雾中开车或走路时很难看清楚。

清晨，一只短耳猫头鹰正在迷雾中捕猎，它一边盘旋一边寻找地里的田鼠。这种猫头鹰与大多数猫头鹰不同，它们更喜欢在白天捕猎。一旦这只猫头鹰捕到了一天的食物，就会回到巢穴，那里面铺满了暖和的稻草和羽毛。

花朵绽放

林地中，第一拨绿色的嫩芽正努力钻出冰冷的地面。雪钟花的花蕾好像一个个白色铃铛，番红花绽放出紫色花瓣，而榕叶毛茛的花仿佛精致的黄色星星。这些花朵像是在告诉我们，冬天快要结束，春天即将来临。

这些最早开放的花朵是昆虫过冬后重要的花蜜来源。这只熊蜂蜂王冬天大部分时间都躲在小地洞里睡觉。现在它终于醒了，必须赶紧找地方筑巢、产卵，还得准备一个花蜜存储仓。从这些初开的花朵中找到食物，是它实现目标的第一步。

这只白鼬开始脱掉白色的冬衣，长出夏天的皮毛。现在冰雪逐渐消融，当白鼬偷偷穿过地面捕食老鼠和鸟类时，白外套已不能当作伪装了。天气变暖后，棕色的夏季外套才是最佳装扮。

1. 雪钟花
2. 榕叶毛茛
3. 熊蜂蜂王
4. 番红花
5. 白鼬

洪水

这里曾经历过一场巨变。这片区域属于河漫滩，位于河流旁边，从河岸一直延伸到河谷。大部分时间，这片土地浮在水面之上，可以用来耕种和放牧，围栏划定的就是它的范围。然而，水位上涨时，河流可能会冲毁堤岸，引发洪水泛滥。

洪水还会导致停电，对家庭生活和企业经营造成破坏。但尽管有这样的风险，河漫滩还是经常被用于农业和建筑业，因为这里的土壤对农作物有利，在平坦的土地上也更容易盖房子。

银鸥们很乐于接受洪水带来的变化。它们在水中寻找鱼类，洪水大大拓宽了它们的狩猎场。看看它们是怎样在水面上盘旋，寻找下一餐的吧。

水面之下

　　这个池塘表面看似平静，其实新生命正在水下悄然孕育。这一摊半透明的、斑斑点点的胶状物实际上是青蛙的卵。雌蛙产下卵后，雄蛙来给卵授精。蛙卵一点点成熟长大，孵化成一只只黑色的小蝌蚪。

　　蝌蚪宝宝在池塘里游来游去，黑色的小尾巴来回摆动。它们靠吃藻类和蛙卵上的胶状物生长。春末的时候，蝌蚪的尾巴会逐渐消失，然后长出腿，但现在它们的旅程才刚刚开始。

　　蟾蜍也以同样的方式繁殖。不过，它们的卵组成一条线状长带，而不是一簇簇的。

　　像这样一个池塘有这么多蝌蚪，可并不稀奇，因为生长初期对蛙类来说危机四伏。各种鸟类、鱼类和其他生物——包括大冠欧螈，都会把小蝌蚪们吃掉。因此，青蛙妈妈需要大量产卵，以确保能有足够多的蛙卵可以存活并长大，生生不息。

图书在版编目（CIP）数据

在冬天寻找什么？ /（英）伊丽莎白·詹纳著 ；
（英）娜塔莎·杜利绘 ；向畅译. — 北京 ：北京美术摄
影出版社，2023.1
（我的博物小课堂）
书名原文：What to look for in Winter
ISBN 978-7-5592-0538-4

Ⅰ. ①在… Ⅱ. ①伊… ②娜… ③向… Ⅲ. ①科学知
识—儿童读物 Ⅳ. ①N49

中国版本图书馆CIP数据核字(2022)第154695号

北京市版权局著作权合同登记号：01-2022-4170

责任编辑 ：罗晓荷
责任印制 ：彭军芳

我的博物小课堂

在冬天寻找什么？

ZAI DONGTIAN XUNZHAO SHENME?

［英］伊丽莎白·詹纳 　著
［英］娜塔莎·杜利 　绘
　　　向畅 　译

出　版　北京出版集团
　　　　北京美术摄影出版社
地　址　北京北三环中路6号
邮　编　100120
网　址　www.bph.com.cn
总发行　北京出版集团
发　行　京版北美（北京）文化艺术传媒有限公司
经　销　新华书店
印　刷　雅迪云印（天津）科技有限公司
版印次　2023年1月第1版第1次印刷
开　本　889毫米×1194毫米　1/16
印　张　2.5
字　数　10千字
书　号　ISBN 978-7-5592-0538-4
定　价　68.00元

如有印装质量问题，由本社负责调换
质量监督电话　010-58572393

心中的冬天